Wer rief denn bloß die Feuerwehr?

In Versen beantwortet von James Krüss
Mit Bildern begleitet von Erika Meier-Albert

IM BOJE-VERLAG

Die Feuerwehr, die Feuerwehr,
sie kommt mit großem Lärm daher.
Es heulen die Sirenen.
Die Kinder fragen: »Was ist los?«
Die Neugier in der Stadt ist groß.
Man fragt: »Wer rief nach denen?«

Der Wagen von der Feuerwehr
fährt links und rechts und hin und her
mit fünfundsiebzig Sachen.
Da kommen fast aus jedem Haus
die Leut heraus, die Leut heraus,
die große Augen machen.

CAFÉ
POLIZEI
Boutique

Doch mittendrin im Stadtverkehr
hält plötzlich an die Feuerwehr
vorm Haus Professor Kunkelts.
Aus Tür und Fenster wälzt sich Rauch.
»Siehst du den Rauch?« – »Ich seh ihn auch!«
So flüstert's und so munkelt's.

HOTEL Roter HAHN
Vereinigte FEUER Versicherung
POLIZE

Die Männer von der Feuerwehr,
sie rufen mutig: »Schläuche her!«
Die Motorpumpe tuckert.
Ein Mann, der einen Schlauch erwischt,
hält ihn aufs Haus. Das Wasser zischt.
Es blubbert, platscht und gluckert.

POLIZEI
Professor der Chemie Dr. Dr. Kunkelt
MU-133

Doch plötzlich kommen – was ist das? –
zwei kleine Kinder klitschenass
aus diesem Haus geschossen.
Man sieht sie fuchteln, hört sie schrein.
Sie rufen: »Stopp!«, und: »Haltet ein!
Wir sind schon ganz begossen!«

13
Professor der Chemie
Dr. Dr. Kunkelt
Sprechzeit: 11–12 Uhr

Der Hauptmann von der Feuerwehr
ruft: »Wasser halt! Und spritzt nicht mehr!«
Die Schläuche werden schlaffer.
Dann setzt die Motorpumpe aus.
Und seht, schon drängen vor dem Haus
neugierig sich die Gaffer.

Professor der Chemie Dr. Dr. Kunkelt
Sprechzeit 11-12 h.
MU-123
MU-133

In diesem spannenden Moment
erscheint ein langer Herr und rennt
zum Wagen mit den Schläuchen.
Professor Kunkelt ist's. Der Mann
schaut wortlos die Bescherung an.
Vor Zorn hört man ihn keuchen.

»Herr Hauptmann«, ruft er schließlich aus,
»wer gab Befehl, mein schönes Haus
so grässlich zu durchnässen?«
Der Hauptmann spricht: »Man rief uns an,
hier sei ein Riesenbrand. Und dann
sind wir halt aufgesessen.«

»O lieber Hauptmann, Qualm und Rauch,
sie sind in meinem Hause Brauch.
Ich bin Chemie-Professor.
In diesem Hause zischt und speit
und dampft und qualmt es allezeit.
Was soll mir dies Gewässer?«

Die Feuerwehr schaut Mann für Mann
betroffen den Professor an.
Und dessen Kinder triefen.
Wie Vogelscheuchen sehen Klaus
und seine Schwester Selma aus,
die ganz erbärmlich schniefen.

Was aber ist im Haus erst los:
Betrachtet die Tapeten bloß,
wie sie klatschnass sich wellen!
Der Lehnstuhl tropft, als wär's ein Schwamm.
Der Boden ist bedeckt mit Schlamm.
Im Schrank entspringen Quellen.

Es fragt der Herr Professor: »Wer
rief bloß hierher die Feuerwehr?«
Da tritt ein kleiner Bube
mit grünem Hemd und schwarzem Schopf
und einem feuerroten Kopf
verlegen in die Stube.

Der Bube sagt: »Ich rief sie her.
Ich gab Alarm der Feuerwehr.
Es rauchte ja so grässlich.
Da meinte ich, das sei ein Brand,
und bin zum Telefon gerannt.
Ich weiß nicht: War das hässlich?«

Die Feuerwehr schaut Mann für Mann
mit strengem Blick den Kleinen an.
Erfolgt nun die Belehrung?
Nein! Der Professor sagt: »Mein Freund,
du hast es sicher gut gemeint;
doch ich hab die Bescherung.«

Da sagt der Kleine, leicht geniert:
»Mein Vater malt und tapeziert.
Und Vater hilft mir immer.
Ich sprach ihn schon am Telefon.«
»Und was hat er gesagt, mein Sohn?«
»Er repariert das Zimmer.«

Da lächelt alles ringsumher.
Es atmet auf die Feuerwehr!
Und tropfen auch die Wände
und ist der Lehnstuhl auch ein Schwamm
und ist der Boden auch voll Schlamm:
Das ist ein gutes Ende!

James Krüss/Erika Meier-Albert:
Wer rief denn bloß die Feuerwehr?
Nr. 664 81501
ISBN 3-414-13620-1

Mit heulenden Sirenen rast die Feuerwehr zum qualmenden Haus des Professors Kunkelt und durchnässt es völlig, obwohl kein Feuer ausgebrochen war.

James Krüss/Lisl Stich:
Henriette Bimmelbahn
Nr. 664 81502
ISBN 3-414-13160-9

Der erste und erfolgreichste Band dieser Reihe handelt von einer alten, gemütlichen Bimmelbahn, die sich an keinen Fahrplan hält.

James Krüss/Lisl Stich:
Der blaue Autobus
Nr. 664 81503
ISBN 3-414-13170-6

Der blaue Autobus, voll beladen mit Kindern, wird vom frechen Pudel Ottokar so angebellt, dass er beinahe in ein Haus hineinfährt.

James Krüss/Lisl Stich:
Die ganz besonders nette Straßenbahn
Nr. 664 81504
ISBN 3-414-13210-9

Mit den „Bremer Stadtmusikanten“ unternimmt die nette Straßenbahn eine lustige Fahrt ins Grüne.

ISBN 3-414-13620-1

D-80809 München
Printed in Slovakia